生命科学科普丛书

中国科学院科普项目

北京市科学技术委员会科普专项经费资助项目

越来越聪明的黑猩猩

主　编：陈长杰

编委会成员：汪会盛　王早早

樊　勇　都培双

浙江教育出版社·杭州

总　序

利用业余时间，我投身科普工作已十年有余。这十几年中，创作一套生命科学科普丛书的梦想一直萦绕在我的脑海中，挥之不去。2014年，在中国科学院科普项目的资助下，我开始了真正的寻梦历程，其间的艰辛，远远超出当初的想象。

梦想与责任

21世纪是生命科学的世纪，然而，什么是生命科学？它又是如何影响人类社会发展的？这些看似简单实则深奥的问题，越来越受到社会公众的热议和关注。其实，以生命体为研究对象的科学，人们并不陌生。譬如，一切动物、植物都是由细胞组成的；大脑作为神经中枢，是用来思考和指挥行动的吗？拥有1000亿个神经元和100万亿个神经突触的大脑是如何思考的……这就是生命科学！一门我们仿佛熟悉，但又"高深莫测"的科学。为了缩小横亘于生命科学和社会公众之间的鸿沟，让读者，特别是广大青少年更好地了解生命科学，我们策划并组织编写了这套生命科学科普丛书。传播生命科学，让广大青少年喜欢生命科学，是我们这一代科技工作者义不容辞的职责。

科学与技术

科学，通常是指自然科学，它是以自然现象及其发生发展的规律为研究对象，以认识自然、探索未知为最终目的。自然科学的发展虽有其内在固有的规律，但同时又具有不可预见性。技术，则泛指根据自然科学原理和生产实践经验，为某一实际目的而协同组成的各种工具、设备、流程和工艺体系。随着人类社会的发展，科学与技术的关系更趋密切。科学上的每一项重大突破，都有可能促进技术的革新；而新技术的发展，又必将进一步丰富人类认识自然的技术手段，从而推动科学的进步。科学与技术辩证统一，简言之，科学是发现，是技术的理论指导；技术是发明，是科学的实际运用。

本套丛书，是以生命科学领域的神经生物学、细胞生物学、分子生物学和免疫学四大基础学科为依托，以四个学科领域中社会公众，特别是青少年朋友耳熟能详且颇感兴趣的科学问题为切入点，通过一个连贯的故事，以图文并茂的形式，将深奥、抽象的生命科学知识展示给广大读者朋友，以期达到传递生命科学知识、引导科学思维形成、提高读者科学素养和培养读者科学兴趣的目的。

本套丛书，由科技工作者与儿童文学作家联袂奉献，将科学知识和趣味故事融为一体。既有生命科学基础知识的普及，又有对生命科学未来发展的科学想象；既有简洁明了的图片，又有准确精辟的知识点睛；既可作为社会公众的科普读物，又可作为青少年课外延伸读物，是一套集科学性、知识性、趣味性、创新性于一体的科普作品。

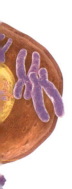

陈长杰

2016年5月于北京

前　言

　　每一段基因，都可能改变一个物种；

　　每一次阅读，都可能改变一个人生；

　　每一个幻想，都可能改变整个世界。

　　为什么他（或她）比我聪明？为什么他（或她）可以做到过目不忘？

　　我们究竟是如何通过眼、耳、口、鼻、舌获得对事物的认知？又是如何进行学习和记忆的？外部的信息在大脑中是如何进行存储、加工和传递的？我们如何才能更好地认识大脑、保护大脑和开发大脑？

　　还有，人类的意识到底是怎么回事？潜意识又该如何解释？神经性退化疾病是否可以阻止恶化或治愈？有朝一日，借助先进的科学技术，人类是否可以直接获取基础知识，而不用再花费一二十年的时间在学校集中学习？

　　这些问题大都属于神经生物学的研究范畴，是孩子们经常向家长询问的，是中学生经常思考的，更是科学家们穷尽毕生精力探索研究的问题。

　　然而，到目前为止，对于上述问题，有些已有明确的答案，但多数仍在探究之中，甚至在未来的100年内都不一定能够得到确切的答案。

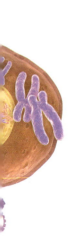

　　这就是神经生物学，一门既基础又高深，既与人们的生长、发育和日常生活密切相关，又神秘得令人难以捉摸的学科。

　　如果你有兴趣深入思考这些问题，或者有志于投身神经生物学的研究，为人类有朝一日变得越来越聪明做贡献，那么，我们真诚地希望这本书能够对你有所帮助。

本书编写团队

2016年5月于北京

目　录

黑猩猩分布于非洲的赤道附近，栖息于热带炎热潮湿、高大茂密的落叶雨林中，大多在森林的边缘地带活动。

第一章

森林草原：
黑猩猩的天然乐园

塞内加尔——黑猩猩的宜居之国

图 1.1　塞内加尔的美丽风光

在非洲大陆的最西端，有一个人们相对陌生的"神秘之国"——塞内加尔。不少人只知道它经济尚不发达，却很少有人实地考察这个到处充满原生态景象，田园风光美得令人窒息的"处女地"。

【知识点睛】

图1.2　非洲塞内加尔

　　塞内加尔：全称塞内加尔共和国。根据联合国开发计划署公布的《2014年人类发展报告》，塞内加尔人类发展指数在全世界187个国家或地区中排名第163位。

图1.3　2005年达喀尔拉力赛部分赛道

　　说到塞内加尔，不得不提它的首都达喀尔，被誉为"勇敢者的游戏"、"世界上最艰苦的拉力赛"——达喀尔拉力赛就是以它命名的。

图1.4   浅黄色的塞内加尔玫瑰湖

图1.5   暗黄色的塞内加尔玫瑰湖

达喀尔拉力赛的终点曾经设在距离塞内加尔首都达喀尔以北 30 多千米的玫瑰湖畔，玫瑰湖也称为非洲的"死海"。与死海（面积约为 810 平方千米）相比，玫瑰湖（面积约为 3 平方千米）虽然小了很多，但含盐量丝毫不亚于死海。每年的 12 月到次年的 1 月，由于阳光、水中的微生物和丰富的矿物质发生化学反应，玫瑰湖的湖水呈现出玫瑰花般的粉红色，玫瑰湖因此而得名。

图1.6   粉红色的塞内加尔玫瑰湖

图 1.7　塞内加尔自然保护区

图 1.8　塞内加尔热带草原

图 1.9　塞内加尔热带雨林

　　在塞内加尔的东南部，蜿蜒盘旋着两条河流。一条是冈比亚河，发源于几内亚共和国，向西流经冈比亚和塞内加尔，最终流入大西洋。另一条是萨卢姆河。两条河流中间的大片土地以平原和低丘陵为主，这里草原广袤、森林茂密，年平均气温在 27℃左右，年降雨量达到了 1000 毫米以上。有利的地形和气候条件，在这片人迹罕至的土地上孕育了大片的热带草原和热带雨林，良好的生态环境，使这里成为珍稀的野生动物乐园。

在这个天然的野生动物乐园里，群居着 80 多种哺乳类动物，有狮子、大象、水牛、河马、巨羚、非洲豹、红疣猴，以及非洲野犬等，这些人们平时在动物园里才能看到的动物，它们都是这里的主人。其中，最引人注目的，是人类的近亲——黑猩猩。

【知识点晴】

　　黑猩猩：四大类人猿（长臂猿、猩猩、大猩猩和黑猩猩）之一，是现存的与人类在生理、高级神经活动、亲缘关系，以及血缘上最为接近的高级灵长类动物，也是当今地球上除人类之外智力水平最高的生物。

图 1.10　非洲热带草原上的黑猩猩

狒狒和弗弗——森特教授的忘年交

为了能够近距离观察、了解黑猩猩的认知方式和行为特征，从而更好地探索人类智慧的起源和发展过程，世界著名神经生物学家森特教授，已经在塞内加尔——黑猩猩的乐园，度过了整整五个春秋。

【知识点睛】

　　神经生物学：是研究神经系统内分子水平、细胞水平和系统水平的变化过程，以及这些过程的整合作用和最复杂的高级功能，如学习、记忆等的学科。目前，神经科学的发展，引起了世界各国的高度关注。2013年1月，欧盟委员会宣布人脑工程项目入选欧盟"未来新兴旗舰技术项目"；2013年4月，美国正式启动了脑科学研究计划。

还记得初来塞内加尔时，森特教授每天艰难地穿行在茂密的、寸步难行的原始森林中。在当地人看来，神秘的森特教授，既像是一位森林探险家，又好似一位丛林寻宝人。他每天在原始森林中走走停停、寻寻觅觅，一会儿举起挂在胸前的双筒望远镜，在密林中仔细搜寻；一会儿又侧耳倾听，凝神辨别周围最细微的声音。

图1.11　黑猩猩生长的原始密林

功夫不负有心人。经过几个月的辛勤搜寻,森特教授终于迎来了梦寐以求的收获时刻。那是一个阳光明媚的早晨,森特教授像往常一样苦苦地寻找着,当他又一次疲惫地举起望远镜时,忽然,一个黑影从镜头中一闪而过。森特教授一阵兴奋,为了看得更清楚,他急忙擦了擦镜片,再次举起望远镜,瞪大了双眼仔仔细细地寻找。他动作缓慢而专注,生怕漏掉任何一个细节。

　　果然,在距离他60多米的左前方,一棵枝叶茂密的大树下,聚集着一群让他朝思暮想的黑猩猩。仔细一数,竟然有六只。由于相距太远,他很难看清楚它们的活动。于是,森特教授决定慢慢地靠近它们。

　　在森特教授和黑猩猩之间,是一片茂密的无花果树丛。当他艰难地拨

图 1.12　聚集在一起的黑猩猩

开树丛，小心翼翼地走近那棵大树时，树下已是空荡荡的，那群黑猩猩早就溜走了。失望之情又一次如潮水般涌向森特教授。他已经不记得这是第几次和黑猩猩擦肩而过了。

突然，周围响起一声刺耳的尖叫声，森特教授不由得打了一个寒战。定睛一看，只见前方大约十几米处的地面上，突然出现了三只成年黑猩猩，他们正目不转睛地注视着他。森特教授屏住呼吸，一动也不敢动，他生怕一个细小的动作，会让黑猩猩再次消失。

图1.13　密林中的精灵——黑猩猩

几分钟过去了，让森特教授惊喜的是，他担心的情况并没有发生。三只黑猩猩打量了他一会，便怡然自得地相互梳理起身上的毛发来。不一会儿，从旁边的草丛中，又冒出了三个脑袋。原来是一只雌性黑猩猩和两只幼崽正透过密密的草丛，警惕地望着森特教授呢。

从第一次遇到黑猩猩开始，森特教授就努力尝试着消除黑猩猩见到人类时那种本能的恐惧。正因为恐惧，即便相距很远，黑猩猩一看见他，也会逃得无影无踪。一次，两次，三次……慢慢地，他们之间的距离不断地在缩短。如今，六只黑猩猩距离他是如此之近，以至于它们的呼吸声，森特教授都可以隐约听到。

这时的森特教授，早已忘记了疲劳，剩下的只有激动和兴奋。他怦怦直跳的心脏仿佛要跳出嗓子眼了。望着这群既熟悉又陌生的动物精灵，森特教授百感交集。他那佯装呆滞的目光，缓缓地跟随着黑猩猩的一举一动。

经过前几次的试探性接触，森特教授对这群黑猩猩已经颇为熟悉，其中，块头最大的雄性黑猩猩叫大卫（森特教授为它起的名字），凭借出众的体格，它已经成为这群黑猩猩的首领。而那两只可爱的幼崽，森特教授给它们分别取名叫狒狒和弗弗。此时，它们正依偎在丽娜（狒狒和弗弗的妈妈）身边，小眼睛不停地四处张望着，仿佛在了解周围的一切。

森特教授试探着在离自己不远处的地上轻轻地放了两根香蕉，虽然动作已经足够轻微，但仍然引起了它们的高度警觉。庆幸的是，它们并没有立即逃走，只是增加了几分戒备。又过了一会儿，它们发现森特教授并没有下一步的行动，于是慢慢地放松警惕了。狒狒和弗弗更是试探着离开丽娜，缓缓地，慢慢地，一边小心地走向香蕉，一边机警地盯着森特教授。看到森特教授满脸善意的微笑，它们迅速捡起香蕉，飞快地跑回了妈妈身边。然后，熟练地剥掉香蕉皮，津津有味地吃了起来。

香蕉很快下肚了，狒狒和弗弗好像并不满足，又向森特教授投来了期盼的目光，仿佛在说，还有吗？我还想吃！森特教授又像上次一样，小心地往地上放了几根香蕉。这次，狒狒和弗弗不那么拘谨了，它们高兴地捡

起所有的香蕉，一摇一摆地走了回去，仿佛得胜的将军带着战利品班师回朝。

在此后的一段日子里，森特教授和大卫它们天天在森林里"约会"。森特教授每次都会带去它们喜欢的水果和其他食物，大卫它们高兴地享受着美食，有时还会和森特教授近距离接触一番。慢慢地，狒狒和弗弗一见到森特教授，就会张开双臂迫不及待地扑上去，好像迎接久别重逢的老朋友。不过，也许它们更期盼的是难以抗拒的美食。

日子一天又一天地过去了，森特教授和这群黑猩猩交上了朋友，和狒狒和弗弗更是成了"忘年交"。

图1.14　快乐嬉戏的狒狒

黑猩猩是现存与人类血缘最近的高级灵长类动物，也是当今除人类之外智力水平最高的生物。

图 1.15　森林中的黑猩猩

黑猩猩——和人类最相似的哺乳动物

在与大卫它们长时间的近距离接触后，森特教授对黑猩猩的生活习性和认知行为有了进一步的认识和了解，并慢慢发现了一些它们特有的生活习性。

●特性一：首领负责制下的群居生活

森特教授发现，野生黑猩猩喜欢群居，每群黑猩猩少则几只，多则几十只，每群黑猩猩都有一只身体健壮的成年雄性黑猩猩作为"首领"。每天，黑猩猩们在"首领"的带领下，会花 5～6 个小时寻找食物。它们有时在树上采摘香蕉，有时以树叶、根、茎、花、种子和树皮为食，有时也捉些昆虫，甚至是小羚羊、小狒狒和猴子来充饥。有趣的是，一起捕食的黑猩猩们，最后会坐在一起分享劳动的果实。

图 1.16　黑猩猩们分享南瓜

在日常的采猎和生活中，黑猩猩之间并不像人们通常认为的那样默默无语。它们会通过不同的声音、表情和动作，互相交流传递感情。

好奇

蔑视

恐惧

伤心

图 1.17 "表情帝"黑猩猩

通过仔细观察，森特教授发现在黑猩猩的种群当中，存在着类似人类社会的"文化现象"。而且，不同种群之间的传统习俗和行为习惯又有所不同，譬如，工具使用方式（如锤子和棒槌）、求爱方式（如口衔树叶）、社交方式（如在相互梳理毛发时双手握紧高高举起），以及抓挠对方、捉寄生虫的方式等。令森特教授感到更惊奇的是，黑猩猩竟然会像人类一样，一代一代地传承它们各自独特的"文化习俗"。

● **特性二：制造工具的高手**

　　黑猩猩作为野生动物中少见的"高智商者"，不仅会使用现成的工具（譬如小石头）砸开坚硬的果壳，而且还会制造简单的工具，以帮助自己获取更多的食物。

　　森特教授曾经不止一次发现，狒狒和弗弗的妈妈——丽娜，认真地从树上挑选出一根树枝，然后除去树叶修理成合适的尺寸，再把树枝的一头咬尖，制成一个类似木矛的简单工具。它利用木矛，轻松地捕捉白蚁，偷取蜂蜜，或从树洞中捕猎丛猴。

图1.18　黑猩猩用树枝制造工具

● 特性三：灵活的取蜜手法

蜂蜜是黑猩猩的最爱。丽娜绝对堪称取蜜高手。

为了吃到蜂蜜，丽娜会在干枯的树干上一遍又一遍认真地寻找，一旦发现蜂巢，它就会用事先准备好的木棍敲打几下树干。然后，从树上扯下一根细枝条，小心翼翼地把细枝条伸进蜂巢里，再用力地搅动。接着，抽出细枝条，把鼻子凑上去，嗅一嗅上面有没有蜂蜜。如果发现没有蜂蜜，它会毫不犹豫地扔掉这根细枝条，继续用木棍敲打树干，再找细枝条搅动蜂巢内部取蜜。

图1.19　黑猩猩用木棍击打蜂巢取蜜

丽娜可以不厌其烦地重复这个看似简单的过程。有一次，森特教授特意计算了一下，它足足花了二十多分钟，一共用了七根细枝条，才终于取到了一点点蜂蜜。即便如此，它仍然非常满足。只见它急忙把沾着蜂蜜的细枝条末端放进嘴里，慢慢地舔着，不停地咂吧着嘴，不无得意地享受这来之不易的劳动果实。

● 特性四：聪明的钓蚁能手

　　除了蜂蜜，营养丰富的白蚁也是黑猩猩钟爱的美食。经过长期的细心观察，森特教授终于有幸目睹了丽娜捕食白蚁的全过程。

　　首先，丽娜会用一根较粗的枝条，伸进一个事先发现的蚁洞里。然后，使劲地晃动枝条，慢慢地把白蚁的洞口一点点弄大。接着，它会从附近的竹芋植物上，折下一根细而有韧性的枝条，再啃咬枝条的末端，用牙齿来回回地磨蹭，直至枝条的末端出现分叉，看起来就像是一支实用的"笔刷"。最后，只见它在"笔刷"的末端用力一捋，磨出的毛穗一下子整齐了许多。

　　接下来，丽娜灵巧地拿着"笔刷"枝条，顺着刚才的洞口，小心翼翼地伸进去。等到再拉出来的时候，枝条前端的毛穗上，便多了几只白蚁。它娴熟地取下白蚁，迫不及待地塞进嘴里，津津有味地享用美味。

图 1.20　黑猩猩加工树枝准备捕食白蚁

图 1.21　黑猩猩之间互爱互助

● 特性五：像人类一样的交易行为

森特教授观察发现，在黑猩猩之间，除了"分享"食物之外，竟然还存在着像人类一样的交易行为。其中，最简单的交易行为莫过于相互"美容"，也就是你给我梳理毛发，我给你梳理毛发。有时为了博得雌性黑猩猩的好感，雄性黑猩猩会殷勤地向它递送水果和工具；有时它们也向其他雄性黑猩猩递送食物，以此博得群体成员的青睐，促进群体成员间更友好地相处，以便今后在面对暴力袭击时结成同盟。

背井离乡——狒狒和弗弗从森林到城市

　　热带森林多暴雨，但一连几天的暴雨并不多见。由于雨大路滑，森特教授已经好几天没到森林里和心爱的宝贝们约会了。

　　这一天，终于雨过天晴，久违的太阳显得分外耀眼，仿佛要把几天来躲在乌云后积聚的能量一股脑儿全释放出来。雨后的森林里，树木被洗刷一新，枝叶上一滴滴晶莹的水珠，在阳光的照耀下闪闪发光，仿佛一颗颗散落的珍珠。薄薄的雨雾仍在林间环绕，山泉水量急增，泉水多了几分浑浊。

　　一大早，森特教授就迫不及待地踏上了和宝贝们的约会之路。他深深地吸了一口饱含负氧离子的清新空气，陶醉在这雨后晶莹的绿色世界里。眼前的美景虽然令他流连，但心中对黑猩猩的牵挂，促使他不由得加快了脚步。他手脚并用，几个趔趄下来，被折腾得狼狈不堪。他的衣服也已经被灌木丛上的水沾得湿透，不知不觉中增添了几分凉意。

　　好不容易到了约会地点，极度兴奋的森特教授看到了眼前的景象，一下子惊呆了。大树下面，不见了大卫它们往日成群结队的踪影，只剩下狒狒和弗弗两个瘦小单薄的身躯，一动不动地蹲在地上，仿佛两个忠于职守的士兵，在认真地值班。森特教授三步并作两步，急急忙忙地跑到狒狒和弗弗的跟前，只见在它俩的中间，它们的妈妈丽娜躺在那里。她，已经死去多时了。

　　往日一见到森特教授就欢呼雀跃的狒狒和弗弗，今天只是目光呆滞

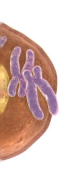

图 1.22　雨后的原始森林

地望了他一眼，然后又把目光转移到了丽娜身上。它们的脸上写满悲伤，孤独无助的样子，让森特教授心中充满怜悯。

望着两个不知道多久没有吃过东西的小家伙，森特教授从口袋里摸出两根香蕉，小心翼翼地递给了它们。狒狒和弗弗慢慢地接过香蕉，默默地吃起来。看得出来，它们饿极了。

森特教授心疼地看着狒狒和弗弗，静静地陪它们一起待着，仿佛在为离去的亲人默默地守灵。

许久，森特教授慢慢地直起麻木僵硬的腰，缓缓地站起来，轻轻地抚摩着狒狒和弗弗湿漉漉的毛发，然后又试着小心翼翼地摸了摸地上的丽娜。狒狒和弗弗像两个既懂事又无助的孩子，满脸期待地望着森特教授。

森特教授绕着周围的大树默默地走了一圈又一圈，最后终于选定了一个干燥朝阳的"风水宝地"，用铁锹一铲一铲地挖起坑来。狒狒和弗弗仿佛一下子明白了什么，慢吞吞地走过来帮着森特教授刨土。坑终于挖好了，森特教授长长地叹了一口气，然后用征询的目光看着狒狒和弗弗。狒狒和弗弗满脸犹豫，不知如何是好。就这样僵持了好一会儿，森特教授缓慢地朝躺在地上的丽娜走去。狒狒和弗弗这下终于明白了，它们迅速地蹿到丽娜身边，一边警惕地望着森特教授，一边摆好了架势保护母亲。

森特教授望着懂事的狒狒和弗弗，眼神中充满了关怀和怜悯。他把目光转移到了丽娜的身上，再用商量的眼神望着狒狒和弗弗，征询意见。此时，四周一片寂静，时间在寂静的森林里一分一秒地悄悄流逝。终于，狒狒和弗弗仿佛经过了激烈的思想斗争，作出了一个艰难而重大的决定，它们慢慢地站起来，一步一步地走向森特教授。

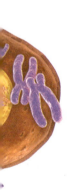

森特教授一手拉着狒狒，一手拉着弗弗，走近丽娜。然后，他们仨缓缓地抱起地上的丽娜，一起走向挖好的大坑，小心翼翼地把丽娜安放在坑里，再慢慢地往坑里填起土来。狒狒和弗弗的动作既轻柔又缓慢，轻柔到似乎生怕弄疼了躺在坑里的妈妈，缓慢到仿佛让时间凝滞，就为了多看妈妈一眼。

安葬了丽娜后，森特教授沉重的心情逐渐舒缓了些。回头再看狒狒和弗弗，两个小家伙瘫坐在地上一动不动。刚开始森特教授以为它们是因为失去母亲而悲伤过度，过了好一会儿，他感觉不对劲，上前一摸它们的脑袋，大吃一惊。狒狒和弗弗的脑袋烫得像火炭似的。它们感冒了！几天来，过度的悲伤，加上几乎没有进食，身强体壮的黑猩猩也扛不住，更何况它们的小身板儿。

森特教授费了九牛二虎之力，才把狒狒和弗弗弄到了自己的驻地。急忙给它们打针吃药，驱寒退烧。在森特教授的精心照料下，狒狒和弗弗不久就恢复了健康。又过了一段时间，狒狒和弗弗一天比一天健壮，情绪也逐渐转好，活泼好动的天性又慢慢地显露。于是，森特教授决定送它们重回森林，让它们回到族群的怀抱。

第一次，森特教授带着狒狒和弗弗来到了往日它们经常活动的大树下，然后恋恋不舍地回到了驻地。哪料想，他刚回来不久，狒狒和弗弗也跟着回来了。森特教授只当是狒狒和弗弗没有找到大卫它们，没有多想，就把狒狒和弗弗留了下来。

第二次，几经努力，森特教授终于把狒狒和弗弗送到了大卫首领带领的族群里。看到多日不见的狒狒和弗弗，族群成员满是欢喜，不时地有黑

猩猩过来抚摩狒狒和弗弗。再看狒狒和弗弗，虽然也有几许兴奋，但更多的是茫然，甚至有些手足无措的感觉。森特教授想可能是狒狒和弗弗还没有适应族群的生活，慢慢会好起来，于是放心地离开了。

回到驻地，森特教授疲惫地躺到了床上，不一会儿就进入了梦乡。"砰、砰砰……"一阵凌乱的撞门声把森特教授从梦中惊醒。开门一看，

狒狒和弗弗站在门外，脸上写满了无助、责备和期盼。森特教授急忙把它们请进屋里，端上它们最喜欢的水果和其他食品。狒狒和弗弗仿佛两个流落街头、饥饿难耐的孩子，狼吞虎咽地吃了起来。

第三次，第四次，第五次……森特教授一次又一次地把狒狒和弗弗送回森林，但每次过不了多久，它们都会找回来，回到森特教授身边。

遇此情景，考虑再三，森特教授做出了一个大胆的决定。经过和塞内加尔有关部门友好协商，又按照规定办理了一大堆手续后，森特教授带着狒狒和弗弗离开了原始森林，飞往了森特教授生活工作的地方，一座由钢筋混凝土铸就的城市——狒狒和弗弗的新家。

自此，森特教授不仅要肩负起照顾狒狒和弗弗的重任，而且要实现埋藏在内心深处的更大梦想：通过自己的努力，借助先进的科学技术，让狒狒和弗弗变得越来越聪明。

第二章

实验基地：
狒狒和弗弗的都市新家

实验动物研究中心——从陌生到熟悉的生活环境

图 2.1　国立生命科学实验动物研究中心

　　在某个海滨城市的东南角，坐落着著名的"国立生命科学实验动物研究中心"。这里，依山傍海，碧水蓝天，年平均气温在 25℃左右，平均降雨量在 1200 毫米以上，气候宜人，四季如春，处处鲜花常开。

【知识点睛】

图2.2　生命科学

生命科学：作为自然科学的一个分支，主要研究各种动物、植物和微生物的生命现象、生命物质的结构和功能、生命发生发展规律，以及生物间、生物与环境间的相互关系等。

国立生命科学实验动物研究中心（以下简称"研究中心"）园区占地总面积约1.3平方千米，园区内设有实验区、办公区、生活区和实验动物饲养区。实验区里矗立着一幢六层楼的神经生物学实验室大楼，大楼的各层分别是神经结构实验室、神经功能实验室、神经发育实验室、遗传学实验室、行为与学习实验室，以及神经生物学病理实验室。作为研究中心的主任和首席科学家，森特教授全面负责神经生物学领域的各项研究工作。

为了让狒狒和弗弗尽快适应"城市"生活，森特教授在实验动物饲养区的一角，建造了模仿狒狒和弗弗在塞内加尔生活环境的一片小型热带森

【知识点睛】

神经生物学研究范畴大致包括分子神经生物学、细胞神经生物学、系统神经生物学、行为神经生物学、发育神经生物学和比较神经生物学等。

图 2.3   狒狒和弗弗城市生活环境一角

林。这里不仅种植了大量的热带植物，而且专门从非洲移植了一些狒狒和弗弗十分熟悉的树木、灌木和花卉。为了给狒狒和弗弗的生活增添情趣，森特教授还建造了人工溪流、瀑布和高达 10 多米的攀爬架。

在人造森林的一角，森特教授特意设计了一条地下通道，狒狒和弗弗可以经过通道，从室外森林活动区直接进入室内活动区。与室外活动区相比，室内活动区则是另一番景象。这里有配备了专门计算机的电脑学习室，有配备了乐器、画笔、颜料等创作工具的声乐绘画室，有配备了电视机的休息室，有配备了自动售货机的现代厨房，当然还有宽敞明亮、健身器材一应俱全的健身房。

白天的大部分时间，狒狒和弗弗都在室外自由自在地玩耍，它们有时互相追逐、打闹、嬉水，有时安静地躺在树荫下相互梳理毛发。当然，精力充沛时，它们更喜欢一次又一次不厌其烦地在 10 多米高的攀爬架上来

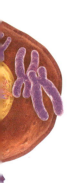

来回回地攀爬，仿佛在向人们展示它们与生俱来的"飞檐走壁"绝技。

　　每当玩累的时候，狒狒和弗弗会通过地下通道，溜回到室内，惬意地在休息室一边喝着饮料，一边欣赏电影。不过，通过自动售货机获取饮料，是对它们一遍又一遍长时间训练的成果。而电影则由森特教授为他们精心挑选，多是介绍黑猩猩和人类交流的题材，譬如《人猿泰山》等。

图 2.4　狒狒和弗弗的电脑学习室

科学培训——狒狒和弗弗表现突出

为了充分挖掘狒狒和弗弗的学习潜力，进一步弄清楚黑猩猩与人类在智力上的差异，也为了向人类智慧起源的研究提供可靠的科学依据，森特教授为狒狒和弗弗量身定制了一套科学而系统的强化学习培训计划。

【知识点晴】

人类智慧起源研究方向主要包括人类是如何获得抽象思维和推理能力的两方面。

图2.5　小猩猩们开学了

● 生活中的多面手

在日常生活中，为了进一步加深与狒狒和弗弗的感情，森特教授从没有把狒狒和弗弗仅仅当成科学研究的对象，而是一直把它们当作自己最要好的朋友。为此，他甚至还学会了几句黑猩猩的语言。譬如，黑猩猩之间打招呼时，语言是"喔喔，喔喔，喔……"。有了语言上的沟通，他与狒狒和弗弗之间的关系更加密切了。

通过一段时间科学的强化学习培训，狒狒和弗弗各方面的能力明显提

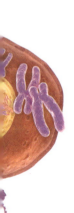

高。譬如，森特教授教会了它
们自己吃饭、喝水这类最基
本的人类生活技能；慢慢培
养它们饭前洗手这类良好的
卫生习惯；教它们见面时握
手，欢迎时拍手等最基本的
生活礼仪。

图2.6　正在学习扫地的黑猩猩

图2.7　狒狒和弗弗在花园里用餐

图2.8　弗弗在用勺子吃饭

图2.9　狒狒在用茶壶喝水

在森特教授的耐心教导
下，狒狒和弗弗在不太长的
时间里学会了拖地板、扫垃
圾和拧干湿衣服。有时，它们
还会像人类一样利用刀叉和
汤匙，有模有样地在花园里

享受美味野餐。它们那滑稽可笑、得意扬扬的神态，常常逗得众人捧腹
大笑。

狒狒和弗弗的出彩表现与滑稽可爱，博得了森特教授和他的同事们的

好评，获得了"小甜点"的美誉。在森特教授的科学培训下，"小甜点"通过自己的不懈努力，留下一个又一个有趣的故事，为人们津津乐道。

培训课程之一："购买"饮料

森特教授利用厨房里定制的自动售货机，耐心地教狒狒和弗弗自行"购买"饮料，以此训练它们的学习能力。

森特教授在自动售货机的旁边放了一个盘子，盘子里面放了几枚硬币。首先，森特教授演示如何用硬币在自动售货机里购买饮料。他让狒狒和弗弗在一旁观察，自己从盘子里拿起一枚硬币，然后把硬币投进自动售货机的投币口里。忽然，伴随着"哗啦"一声响，自动售货机的出货口吐出了一瓶饮料。森特教授打开饮料，让狒狒和弗弗品尝。尝到了"甜头"的狒狒和弗弗，一下子对自动售货机充满了好奇和兴趣。

在接下来的一段时间里，森特教授一遍又一遍地给狒狒和弗弗观看自己购买饮料的录像。在一个炎热的下午，饥渴难耐的狒狒和弗弗，终于模仿森特教授，学会了从自动售货机里购买饮料。此后，它们便乐此不疲，每次都要用完盘子里所有的硬币，或者买空自动售货机里的所有饮料。

图 2.10　黑猩猩和自动售货机

培训课程之二：智取香蕉

森特教授为狒狒和弗弗设计了一个有趣的实验，提高它们的推理判断和解决实际问题的能力。

在一间空房子里，森特教授在天花板上悬挂了一串香蕉；同时，又在房间的角落里堆放了几只空木箱子。森特教授让饥饿难耐的狒狒和弗弗走进房间，看它们如何取下这串香蕉。狒狒和弗弗进入房间后，很快发现了香蕉，想吃可又拿不到。只见它们先是在房间里走来走去，一会儿抓耳挠腮，一会儿相互耳语，可谓绞尽脑汁，想尽快拿到香蕉。不一会儿，它们发现了在房屋角落里的空木箱子，于是，狒狒动手搬起一只木箱子，放到了香蕉下方，然后爬到箱子上，伸长双臂去够香蕉。可是，高度不够。这时，聪明的弗弗又搬来了另一只箱子，并且叠在了第一只上面，但是高度依然不够。最后，当它们把第三只空箱子叠上去之后，终于拿到了这串令它们垂涎欲滴的美味香蕉。

图 2.11　狒狒和弗弗智取香蕉

●艺术上的小神童

研究发现，艺术细胞并非人类专有。在音乐、绘画等方面，黑猩猩具有很高的天赋。狒狒和弗弗更堪称这方面的"小神童"。

培训课程之三：天生音乐家

为了考察狒狒和弗弗的音乐能力，森特教授让团队工作人员事先准备了一架钢琴。刚开始，狒狒和弗弗觉得很好玩，大手一按，琴键立即发出清脆的声音。而且，不同的琴键，可以发出不同的美妙声音。随即，狒狒和弗弗就对这个"会唱歌的家伙"产生了浓厚兴趣，开始你争我夺，互不相让。于是，工作人员有意识地从五线谱开始，慢慢地培养它们手指和大脑的协调配合能力。狒狒和弗弗也发现，有规律地弹奏能使钢琴发出更悦耳动听的乐音。

经过一段时间的训练，狒狒和弗弗竟然能够连续 30 次用手指准确地按下两个相隔音符的键。接下来，研究人员对狒狒和弗弗进行了反复测试，一边让它们弹琴，一边播放不同节奏的乐曲。结果发现，狒狒和弗弗弹琴的节奏竟可以与乐曲合拍。但没有明显节奏的乐曲，几乎对狒狒和弗弗没有影响。直到现在，森特教授还不清楚，狒狒和弗

图 2.12　黑猩猩弹奏钢琴

弗弹琴的节奏是有意配合乐曲节奏，还是无意识地受到乐曲节奏的吸引。但可以肯定的是，狒狒和弗弗的确能够对一定的音乐节奏产生反应。

　　进一步的研究发现，对不同节奏的音乐，狒狒和弗弗的喜爱程度也不一样。譬如，对于印度和非洲的音乐，它们反应积极，但一听到日本的传统音乐，它们立即"退避三舍"。森特教授分析，狒狒和弗弗之所以对不同节奏的音乐反应完全不同，可能是由于印度和非洲的音乐强弱拍结合，而日本的传统音乐则多是强拍，对它们来说，可能意味着威胁与挑衅，因此才会避而远之。

培训课程之四：抽象派画家

　　狒狒和弗弗非常喜欢画画，在声乐绘画室里，它们经常进行创作。一幅幅"抽象派"作品，令人耳目一新。

图2.13　代表性作品一：开着汽车采樱桃

　　这幅画左侧犹如一颗长着红色樱桃的樱桃树，右下角看上去更像是一辆汽车。

图 2.14　代表性作品二：仰面坐在地上的人

这幅画用两种颜色绘制，画面中似乎是一个人仰面坐在地面上，手中挥舞着什么东西。

这幅画是由画家与狒狒和弗弗共同完成。画家先在纸上画了一个黑色圆圈，在此基础上，狒狒和弗弗利用红色和紫色颜料进行了再创作。

图 2.15　代表性作品三：黑圆圈的色彩

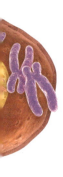

狒狒和弗弗琳琅满目的绘画作品，引起了社会公众的极大兴趣和强烈反响，为此，森特教授为它们组织了一次绘画作品拍卖会。结果，狒狒和弗弗的作品深受社会公众特别是众多收藏者的青睐，很快就被抢购一空。

智力比拼——狒狒和弗弗挑战人类

为了测试狒狒和弗弗的智力，森特教授还组织了一系列狒狒和弗弗与人类之间的智力对抗性比赛。

● 短期记忆能力大比拼

比赛共分两轮，分别测试完成速度和记忆能力。主要目的是测试狒狒和弗弗以及参赛大学生的短期记忆能力。

在第一轮比赛中，森特教授让已经能够识别阿拉伯数字 1 到 9 的狒狒和弗弗与 9 名大学生志愿者同时上场。这时，在电脑触摸屏上，阿拉伯数字 1 到 9 会毫无规律地先后出现，当点击屏幕上出现的第一个数字后，其他数字所在位置将变为空白。森特教授要求参赛者必须按照先前数字出现的顺序，依次触摸屏幕中相应数字所在区域。测试结果是，狒狒和弗弗的准确程度落后于大学生，但完成速度却更快。

在第二轮比赛中，森特教授将数字从 9 个减少为 5 个，让 5 个数字在屏幕上快速闪现，闪烁时间依次缩短为 0.65 秒、0.43 秒和 0.21 秒。结果发现，在这轮比赛中，狒狒和弗弗的优势开始显现，点击准确率保持在 80% 左右，而受测试的大学生志愿者却从 80% 的准确率降至 40%。

森特教授进一步的研究还发现，在这项短期记忆力检验中，幼年黑猩猩的准确率远高于成年黑猩猩（准确率约为 20%），这表明黑猩猩的记忆能力随年龄的增长而减弱。至于幼年黑猩猩的短期记忆能力甚至强

图 2.16　黑猩猩短期记忆能力测试

于成年人类的现象，森特教授认为：短时记忆（也称"工作记忆"）是一种较短时间范围的记忆形式，它能够让大脑组织同时处理多种想法。黑猩猩这种令人难以置信的短时记忆，将有助于黑猩猩在野生环境中做出快速而复杂的决定；而人类大脑容量有限，在进化过程中，也许会丧失一些能力，以便拥有其他新的技能，譬如学会语言沟通能力。

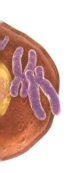

●战略游戏大对决

　　游戏规则：狒狒和弗弗一组，两位游戏志愿者一组。两组通过电子游戏进行对决。每个游戏者需要从电脑触摸屏上的左右两个方块中点选其一，游戏双方看不到对手，因而无从得知对手的选择。规则是，当游戏者A选择如与对手一致时，A胜出；当游戏者B选择如与对手不一致时，B胜出。在每次点选以后，双方均能够看到对手的选择。

　　这种类似人类象棋或扑克的竞争类游戏中，游戏者必须根据对方先前的选择推断其下一步举措，从而实时改变策略以获得胜利。理想化的游戏将呈现出特定的模式，运用博弈论中的数学公式，可以轻松推断这一模式。当游戏双方都做出最具战略性的选择时，游戏就会出现所谓的"均衡"状态。

　　比赛结果显示，狒狒和弗弗的游戏选择几近理想化，它们的选择更贴近博弈论中的均衡态；而人类的选择与理论推断则相差甚远。

　　森特教授进一步的研究还发现，2岁大的黑猩猩能够在200毫秒（不及人类眨眼的工夫）记住随机数字图形，这种出色的工作记忆或许是黑猩猩拥有战略技巧的主要原因。正是由于这种非凡的记忆力和策略性，使得它们的竞争表现超越人类。这种记忆的精确度在人类幼童中十分罕见，在成年人类中则基本不存在。

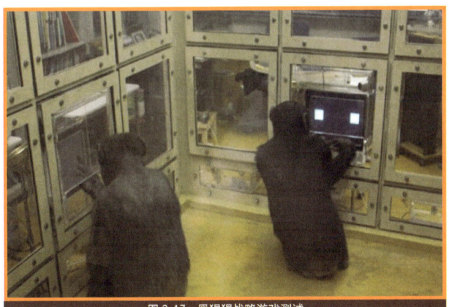

图 2.17　黑猩猩战略游戏测试

微小的基因差异——智力的天壤之别

● 黑猩猩与人类的智力差异

狒狒和弗弗出色的学习和短期记忆能力令人刮目相看，甚至一度引发了社会公众关于黑猩猩和人类到底谁更聪明的热议。有些人甚至认为：黑猩猩相当于没有能力表明自己意愿的人，应该赋予黑猩猩人权（类似于儿童或智力障碍人士，他们的人权也是不可剥夺的）。

森特教授认为，综合比较黑猩猩和人类的智力水平，虽然狒狒和弗弗在某些方面表现突出，但在语言交流、感情表达、抽象思维、逻辑推理，以及社会智力等方面仍然与人类存在较大差距。

【知识点睛】

不少心理学家将社会智力定义为：
1. 洞察别人心思、察言观色的能力；
2. 与人相处，建立友善关系的能力；
3. 了解社会规范，言行举止表现合乎时宜；
4. 适应新环境的能力；
5. 对于社会活动的参与能力；
6. 适应社会的生存能力；
7. 自我认识及自我反省的能力。

为了深入了解黑猩猩与人类的相似与不同，森特教授曾进行了一项有趣的实验。实验方法是：将幼小的黑猩猩和与其同龄的人类孩子放在一起抚养，随时观察、比较他们的行为表现，结果令人吃惊。

　　事情的由来是这样的。黑猩猩维奇出生后不久，被森特教授收养。之后，森特教授和他的同事们像抚养自己的孩子一样抚养小维奇。

　　在幼年时期，小维奇和其他所有的小孩子一样，在很短的时间内，就以游戏的形式，学会了简单的日常活动。在十六个月大的时候，小维奇学会了拿盘子和洗盘子。两岁大的时候，就知道了在镜子前用唇膏化妆。同时，小维奇还具有"过后模仿"的能力，它可以轻易地重复很早以前看到的科学家们做过的动作。因此，可以说，在幼年阶段，小维奇的学习与模仿能力和一个同龄的人类儿童是一样的，在某些方面甚至超过了同龄的孩子。

　　在语言方面，九个月大时，黑猩猩大约可以听懂58句人类语言，婴儿则是68句。之后，不管怎么训练，黑猩猩一直无法说出一句完整的句子。经过训练，小维奇成为森特教授所见到的能够说话较多的黑猩猩，但也只学会了四个单词"妈妈"、"爸爸"、"杯子"和"上面"，而且发音极不准确。森特教授的语言训练虽然取得了一定的效果，但同时也让黑猩猩在语言方面的局限性暴露出来。和人类相比，黑猩猩的发声模仿能力相当低下，那些对于同龄人类儿童来说轻而易举就可以学会的词语和句子，对黑猩猩来说，却显得并不简单。"妈妈"、"爸爸"、"杯子"和"上面"，这四个简单的单词，就让小维奇费了九牛二虎之力，经过了长时间的成百上千次的重复和训练。当然，森特教授的研究发现，小维奇之所以"不会说人话"，并不仅仅是因为它的智力不够，其中也有它的舌头和声带的生理构造与人类不同的原因。

　　在情感表达方面，黑猩猩与人类的差异也十分明显。人类从婴儿时期

开始，就会表达明显的喜怒哀乐。婴儿饿了会哭，高兴时会笑。对此，人们习以为常。对于同年龄的黑猩猩而言，尽管也能够表达自己的感情，但表达的方式和人类相比，相差甚远。

森特教授的一系列研究表明，单从行为表象上来看，虽然黑猩猩和人类并没有实质上的区别（因为人能做的，黑猩猩经过学习，也能进行模仿）；但从综合智力水平上来看，一只成年黑猩猩的智力水平至多与人类儿童的智力水平相当。

● 智力差异原因在哪

翻开黑猩猩和人类的进化历史，我们赫然发现，两者的进化轨迹99.5%是共同的。然而，黑猩猩作为人类的近亲，它的综合智力却远远低于人类。森特教授认为，如果排除影响人类智力的一个重要因素——社会生活之外，导致两者智力差异的主要原因无外乎两个方面：一个是生物学原因，即两者大脑的差异；另一个是进化上的原因，即两者基因的差异。

大脑的差异

大脑重量的差异

研究发现，动物大脑的重量是决定其智力商数（简称智商）的重要因素之一。例如，黑猩猩的大脑重量约为400～500克，而人类的大脑平均重量则达到了1350～1500克。

其实，人类大脑的重量也随人类进化历史和个体的发育水平而有所不同。总体上来说，人类进化得越充分，个体发育越成熟，大脑容积越

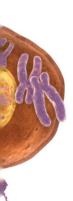

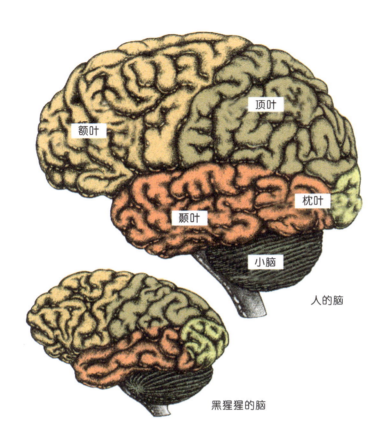

额叶

顶叶

枕叶

颞叶

小脑

人的脑

黑猩猩的脑

图 2.18　黑猩猩的大脑与人脑的比较

大，大脑也就越重。从进化历史来看，早期直立人大脑重量大约是 800 克，晚期直立人大脑重量已经达到了 1200 克左右，这与现代人大脑重 1350~1500 克相差不远。

从个体发育水平上来看，新生婴儿的大脑重量只有 380 克左右，9 个月时达到约 660 克，2.5 ~ 3 岁时可以达到 900 ~ 1011 克，而 7 岁儿童的大脑重量已经达到 1280 克左右，与成年人平均 1400 克的重量基本相当。

脑细胞数量的差异

随着科学研究的进一步深入，森特教授认为，动物智商的高低不仅取决于大脑的重量，同时也和大脑容积相关，也就是与脑细胞的数量密切相关。例如，人类大脑的脑细胞数量大约是 100 ～ 140 亿个，而黑猩猩的大脑容量虽然只有人类大脑容量的 1/3，但是它的脑细胞数量却达到了人类大脑脑细胞数量的 80%，大约 80 ～ 110 亿个。

> **【知识点睛】**
> 　　脑细胞是构成脑的多种细胞的通称。主要包括神经元和神经胶质细胞。神经细胞是构成神经系统的细胞的通称。主要包括神经元和神经胶质细胞。

然而，倘若仅以大脑重量和脑细胞数量来看，鲸的大脑比人的大脑重得多，约为 9000 克，脑细胞数量也远远多于人类，大约超过了 2000 亿个。但是，鲸的智商却远远低于人类，甚至和黑猩猩相比也差很多。其中的差异还在于脑细胞的数量。显然，在动物中黑猩猩脑细胞的相对数量要高得多，因而黑猩猩的智商是在所有动物中最接近人类的。甚至有研究人员预测，每多出 10 亿个神经细胞，生物在进化上就可能会出现一次中等程度的飞跃。

神经突触的构成差异

如果单纯从大脑中神经细胞的数量进行比较，人类不如黑猩猩，但为什么人类的智商远远高于黑猩猩呢？

森特教授认为，原因还在于人类与动物大脑中神经细胞的联系方式

以及信息传递方式的区别上。譬如，信息是单一的神经传递，还是通过立体和全方位的神经回路进行传递？

大脑中神经细胞与神经细胞之间的联系是通过两个以上的神经细胞的接触而形成的，神经细胞与神经细胞接触的节点称为"神经突触"，也称为"神经键"。神经突触就像电子信息和网络传播中的"微处理器"，它不仅负责传递神经电子脉冲，而且对神经系统的学习和记忆活动起着关键性作用。

科学研究发现，组成神经突触的材料也在智商这件事上助人类一臂之力，成为人类智商远远高于动物的原因之一。从本质上分析，蛋白质是组成人类和动物器官的基本材料，但由于蛋白质的不同，组成的器官和组织也会不同。譬如，上皮组织和神经组织的蛋白质是不同的，因此上皮组织构成的是皮肤，神经组织构成的是神经系统。

英国桑格研究所的塞思·格兰特研究小组发现，不同物种的神经突触中蛋白质的数量和种类存在极大差异，而这种蛋白质数量和种类的差异直接造成了智商的差异。譬如，哺乳动物的神经突触由大约 600 种蛋白质构成，而无脊椎动物的神经突触只由约 300 种蛋白质构成，两者间神经突触的蛋白质构成数量减少了一半。

不同的蛋白质正如不同的材料，由多种蛋白质构成的神经突触变得越来越结实，结构也越来越复杂，于是动物的智商也就越高，行为也越来越复杂。因此，神经突触基本构成的进化就像电脑芯片升级一样，材料越复合，结构越复杂，功能就越强大，而拥有最强大"芯片"的动物，智商最高，能力也最强。

基因上的差异

作为人类的近亲，黑猩猩在遗传信息上与人类的差异并不是很大。通过基因组测序技术，森特教授把狒狒和弗弗的 24 亿个碱基对与人类的碱基对进行了对比分析，结果发现，两者在基因组序列之间只有 1.23% 的差异。

【知识点睛】

　　遗传信息是指生物为复制与自己相同的东西，由亲代传递给子代，或细胞每次分裂时由细胞传递给细胞的信息。

正常细胞遗传信息的传递流程

$$DNA \xrightarrow{\text{转录}} RNA \xrightarrow{\text{翻译}} 蛋白质$$

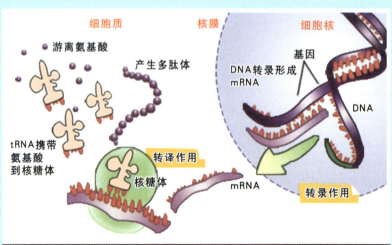

图 2.19　遗传信息转录过程

【知识点晴】

　　DNA是脱氧核糖核酸的英文缩写（deoxyribonucleic acid，缩写为DNA），是一种长链聚合物，可以组成遗传指令，引导生物个体的发育与生命机能的运作。

　　1953年4月25日，美国科学家詹姆斯·沃森（James D.Watson）和英国科学家弗朗西斯·克里克（Francis H.C.Crick）公布了DNA的双螺旋模型。这一天成为分子生物学的诞生日。

图2.20　沃森（左）、克里克和他们设计的DNA模型

图2.21　脱氧核糖核酸结构图

【知识点晴】

　　RNA是核糖核酸的英文缩写（ribonucleic acid，缩写为RNA），是生物遗传信息的中间载体，并参与蛋白质的合成与表达调控。RNA普遍存在于动物、植物、微生物及某些病毒和噬菌体内。对于一部分病毒而言，RNA是唯一的遗传信息载体。

【知识点睛】

　　碱基对是形成核酸DNA、RNA单体以及编码遗传信息的化学结构。组成碱基对的碱基包括腺嘌呤（A）、胸腺嘧啶（T）、鸟嘌呤（G）、胞嘧啶（C）、尿嘧啶（U）。严格地说，碱基对是被氢键连接起来的一对相互匹配的碱基（即A：T，G：C，A：U相互作用）。

图2.22　由腺嘌呤（左）与胸腺嘧啶（右）配对组成的碱基对

　　基因到底是什么呢？基因在单个个体的行为表现上又有什么功能呢？森特教授告诉我们，简单来说，基因也就是遗传因子，它是生命之源，也是生命的基本因子，更是生命的操纵者和调控者。一切生命的存在或衰亡，都与基因紧密相关。譬如，个体的长相、身高、体重、肤色和性格等均与基因有关。

　　当然，森特教授提醒我们，要全面理解基因，不应该只停留在结构层面，而是要全面认识基因的三个层次，即基因的结构单元、功能单元，以及表型或表观单元。其中，基因的结构单元又包括三个基本组成部分，分别是：DNA部分、RNA部分和蛋白质部分。基因的功能单元主要是由结构单元的后两个部分 RNA 和蛋白质组成；因为并不是每个单独的基因都有可定义的功能，所以基因的功能单元可以是多个基因。而基因的表型或表观单元，显而易见，就是基因所表现出来的基本表征，如肤色、骨骼结构和行为等特征。

【知识点睛】

基因，又称"遗传因子"或"遗传基因"，是指携带有遗传信息的 DNA 序列。基因通过指导蛋白质的合成来表达自己所携带的遗传信息，从而控制生物个体的性状表现。生物个体的性格和行为特征的 30% ～ 50% 取决于基因遗传。

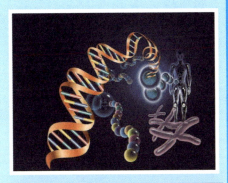

图 2.23　遗传基因图片

正是由于在遗传基因上，狒狒和弗弗与人类存在着微小的差异，使得它们在智力、行为、心理和生理等方面，与人类相比，表现出"天壤之别"。

【知识点睛】

基因两大显著特性：一是能够忠实地复制自己，以保持生物体的基本特征；二是可以发生"突变"，导致疾病或推进自然选择。

图 2.24　基因突变

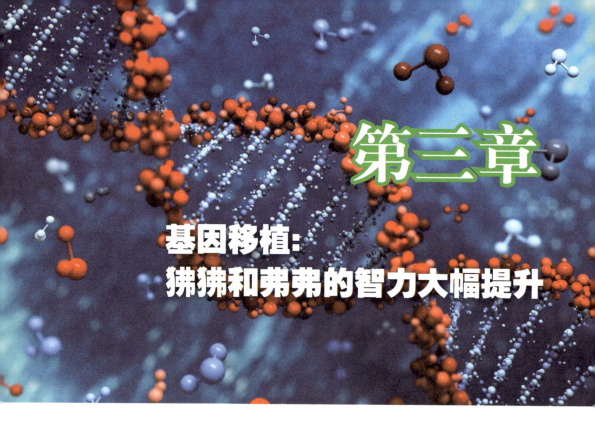

第三章

基因移植：
狒狒和弗弗的智力大幅提升

智力与基因的关系

美国约翰·霍普金斯大学的阿克希勒什·帕蒂教授将人体比喻成一个巨大的图书馆，每个蛋白质只是其中的一本书。森特教授认为，到目前为止，人们还没有一个完整的目录，可以查找每一本书的位置。因此，作为控制蛋白质合成，掌握遗传密码的人类基因组，它的复杂程度远远超出我们的想象。

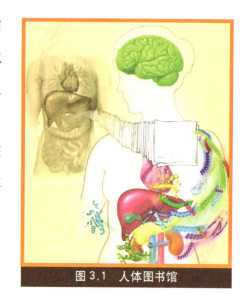

图 3.1　人体图书馆

【知识点睛】

　　智力与基因的关系相对复杂。人类的智力是想象力、注意力、观察力、记忆力、思维能力和创造性解决问题能力的综合，既取决于遗传基因，也与后天环境因素有关。从遗传角度来说，智力的差异是由多个遗传基因共同决定的。

　　神经生物学家森特教授的主要研究领域之一就是遗传基因对智力的影响。越来越多的研究结果显示，人类的智力同时受到先天遗传和后天环境的影响。

　　其中，人类某些特定基因的变异，会影响大脑神经突触的可塑性；大脑神经突触的可塑性与大脑皮层中的灰质含量和厚度直接相关，而大脑皮层的厚度与人类的记忆力和语言能力等智力水平存在密切关系。因此，基因与人类智力的逻辑关系图可以大致表示如下：

基因 → 脑神经突触可塑性 → 灰质含量与厚度 → 智力水平

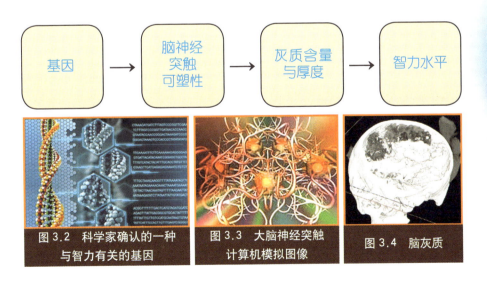

图3.2　科学家确认的一种
与智力有关的基因

图3.3　大脑神经突触
计算机模拟图像

图3.4　脑灰质

然而，黑猩猩的智力影响因素与人类不同。简言之，黑猩猩是否聪明，基因说了算。美国佐治亚州州立大学威廉·霍普金斯教授等人，对年龄在 9～54 岁之间的 99 只黑猩猩进行了 13 项认知测试，其中包括使用工具和空间记忆试验等在内的研究，结果发现有超过一半的黑猩猩认知能力受到遗传基因的显著影响。

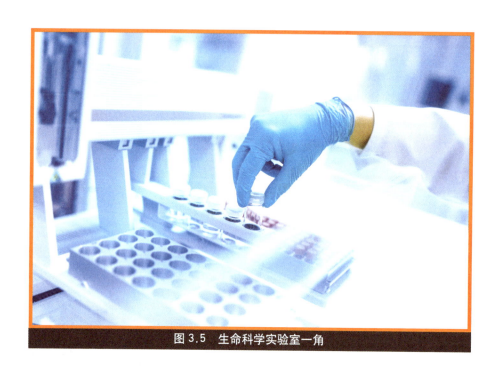

图 3.5　生命科学实验室一角

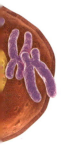

黑猩猩与人类的基因比较

森特教授的研究成果表明，黑猩猩和人类99%的功能性基因相同，即便把DNA序列的插入或删除考虑在内，两者的相似性也可以达到96%左右。在人类和黑猩猩的基因组中，各自总共包含大约30亿个基因密码（DNA碱基对），其中3500万对是存在差异的；另外，两者的基因组在不同的位置分别出现了碱基对的插入和删除，又造成另外500万个位点的差异。因此，人类和黑猩猩的碱基对差异总量大约在4000万个左右。在这4000万个DNA序列差异中，只有300万个碱基对位于功能基因上，而绝大部分不具备实际功能或者功能较弱。

【知识点睛】

　　功能性基因，顾名思义，是指具有一定功能的基因。英国科学家研究发现，人类只有8.2%的基因组可能起到重要的作用——是"功能性"的。在这8.2%的基因组中，也并非同样重要，只有略高于1%的人类基因组编码蛋白质，执行体内几乎所有关键的生物学过程。

虽然，狒狒和弗弗与人类的碱基对在基因组序列上只有1.23%的差异，但通过将狒狒和弗弗与人类的基因组图谱进行全方位对比分析后，森特教授发现，两者的差异绝非一个简单的数字可以完全体现。

【知识点睛】

　　基因组图谱（genomic map）是描述基因在染色体上的分布状态和排列顺序的综合图谱。根据使用的标志和手段不同，又可分为遗传图谱、物理图谱、转录图谱和序列图谱。

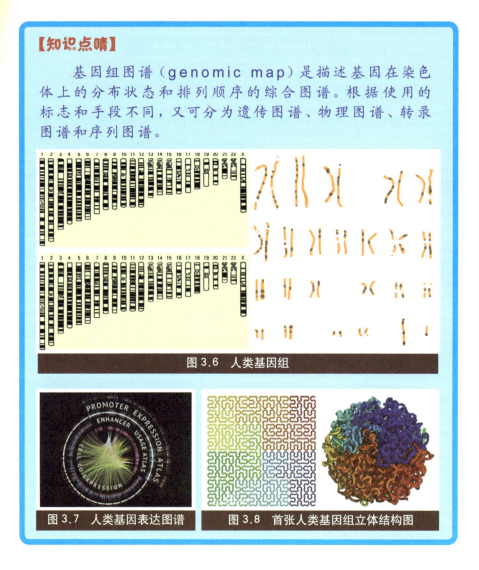

图3.6　人类基因组

图3.7　人类基因表达图谱

图3.8　首张人类基因组立体结构图

● "智慧基因" 的缺失

　　在经过一系列的研究后，森特教授发现：黑猩猩之所以不如人类聪明，是因为在进化过程中，它缺失了比人类更多的DNA片段。这中间就包括携带遗传信息的DNA分子功能片段——基因。正是由于在进化过程中黑猩猩缺失了一部分与智慧有关的基因，而这些基因又在人类的大脑中得到了充分发展，所以才有了黑猩猩与人类在智力上的巨大差异。

翻开人类的进化历史，大约在1000万年前，人类和黑猩猩开始在进化的道路上分道扬镳。之后，从遗传学的角度来看，某些基因（譬如，垂体腺苷环化酶激活肽前体基因，简称"PACAP前体基因"）开始在人类的大脑中快速发展，而在黑猩猩的大脑中却停滞不前。

森特教授的研究发现，在进化过程中，人类的智力之所以得到快速提升，不仅仅由于在过去的100万年间，人类的大脑体积增加了约两倍，而决定性的因素在于，这种增长主要集中于大脑的三四个主要区域，包括大脑的视觉区、控制双手的脑区和颞区。在这些区域，主要集中了人类的视觉记忆、综合能力和语言功能。

森特教授还发现，在人类的进化过程中，PACAP前体基因曾经编码了多种不同蛋白质，其中某些蛋白质在神经细胞的传递中扮演了重要角色，并且对小脑的正常发育和脑细胞的转移起了关键作用。因此，PACAP前体基因也许就是人类具有智慧的关键因素之一。

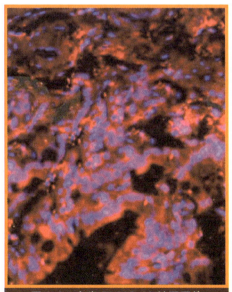

图 3.9　人类 PACAP 38 基因图片

● 染色体上的差异

　　染色体是基因的载体。黑猩猩有 24 对染色体，而人类有 23 对；同时，即便是黑猩猩与人类基本功能对应的染色体，它们的碱基序列也存在较大差异。譬如，黑猩猩的第 22 号染色体与人类的第 21 号染色体的功能基本对应，虽然在两者的染色体上有 98.77% 的碱基排列序列大致相同，但其功能基因的差异度却达到了 5.3%。

【知识点睛】

　　染色体（chromosome）是细胞核中载有遗传信息（基因）的物质，在显微镜下呈圆柱状或杆状，主要由脱氧核糖核酸和蛋白质组成，由于在细胞发生有丝分裂时期容易被碱性染料（例如龙胆紫和醋酸洋红）着色，因此而得名。

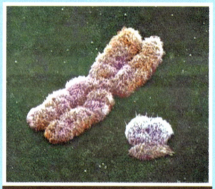

图 3.10　染色体

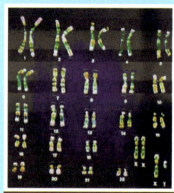

图 3.11　人类的 23 对染色体

● 基因片段的差异

　　借助基因组测序技术，森特教授将狒狒和弗弗与人类的基因组进行了对比分析。结果发现，某些特定的基因片段只在狒狒和弗弗的 DNA 中存在，而另一些特定的基因片段则只在人类的 DNA 中存在。将黑猩猩的第 22 号染色体和人类的第 21 号染色体进行对比发现，两者之间存在 6.8 万个"插入 / 删除"差异（简称"INDEL 差异"）的 DNA 片段。其中，大多数 DNA 片段很短，只有不到 30 个"字母"长，但也有长达 5.4 万个"字母"的 DNA 片段。INDEL 差异导致人类的 21 号染色体比黑猩猩 22 号染色体多出 40 万个"字母"，这就意味着人类和黑猩猩共同祖先的染色体可能更长。也就是说，在两者独立进化的过程中，比起人类，黑猩猩的染色体损失了更多的 DNA 片段。

【知识点晴】

　　"插入 / 删除"差异，英文缩写 INDEL 差异。其中，"插入"是指一段 D N A 出现在一个物种的 D N A 里却不在另一物种的 D N A 里；"删除"是指某一物种的 D N A 有一个片段丢失了。INDEL 差异是两种差异的总称。

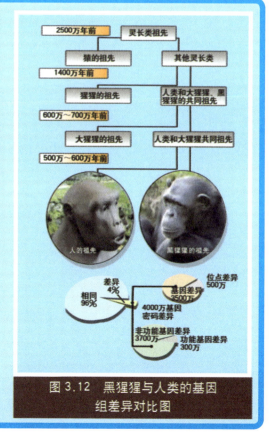

图 3.12　黑猩猩与人类的基因组差异对比图

●编码的蛋白质差异

森特教授研究分析了狒狒和弗弗与人类参与编码的蛋白质的功能基因，结果发现，编码的蛋白质 80% 以上存在氨基酸序列的改变，而在这些氨基酸序列发生变化的蛋白质中，有 1/4 可以造成明显的结构变化。

森特教授知道，功能性基因是通过编码蛋白质发挥作用的。蛋白质作为生命的本质，如果蛋白质的氨基酸序列和结构发生变化，那么它们的功能也会截然不同。

【知识点睛】

氨基酸（amino acid）是构成蛋白质的基本组成单位，是对含有氨基和羧基的一类有机化合物的统称，它赋予蛋白质特定的分子结构形态，从而使蛋白质的分子具有生化活性。

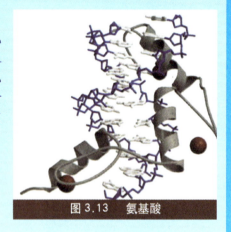

图 3.13　氨基酸

于是，森特教授大胆断言，黑猩猩与人类的遗传差异，并非仅仅因为少数基因的差异，而是由许许多多微小的差异不断积累，最终导致了黑猩猩与人类在行为表现上的天壤之别。

基因克隆——为狒狒和弗弗植入人类智力基因

为了进一步提高狒狒和弗弗的智力，在加强科学训练的同时，森特教授开始关注智力基因移植。他希望借助基因克隆技术，把人类的智力基因，直接移植到狒狒和弗弗身上。

【知识点睛】

基因克隆是通过一定的技术手段，将目的基因导入寄主细胞，使目的基因在宿主细胞内大量复制的过程。简单来说，基因克隆就是一个"获得目的基因—选择载体—体外重组—植入表达"的过程。

基因克隆技术是把来自不同生物的基因，与具有自主复制能力的载体DNA在体外进行人工连接，构建成新的重组DNA；然后送入受体生物中进行表达，从而产生遗传物质和状态的转移和重新组合。因此，基因克隆技术又称为分子克隆、基因的无性繁殖、基因操作、重组DNA技术以及基因工程等。

图3.14　基因克隆流程示意图

为了确保智力基因的成功移植，森特教授必须在以下四个步骤中，做到准确无误。

●第一步：为狒狒和弗弗建立功能基因图谱档案

　　首先，森特教授利用基因组测序技术对狒狒和弗弗的功能基因进行重新测序。在此基础上，为狒狒和弗弗建立专门的功能基因图谱档案。

【知识点睛】

　　基因组测序（genome sequencing），实质上是对某个物种基因组核酸序列的测定，其目的是确定该物种全基因组核酸的序列。目前，基因组测序主要有两种方法，即：鸟枪法和克隆重叠群法。

图3.15　基因测序分析仪

●第二步：寻找狒狒和弗弗"缺失"的智力基因

　　其次，森特教授借助狒狒和弗弗的功能基因图谱档案，逐个对比分析狒狒和弗弗的功能基因与人类的功能基因，初步搞清楚狒狒和弗弗"缺失"的功能基因。并在这些"缺失"的功能基因中，特别寻找哪些是与智力有

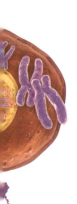

关的基因。在经过一系列的对比研究后，一个个与智力密切相关的基因逐渐露出了"庐山真面目"。

与大脑体积密切相关的HMGA2基因

人类大脑体积的大小和聪明程度与基因有关。其中，位于第 12 号染色体上的 HMGA2 基因的变异，会对人类大脑的容量和智力产生显著影响；换句话说，HMGA2 基因与人类大脑的大小和智慧程度密切关联。

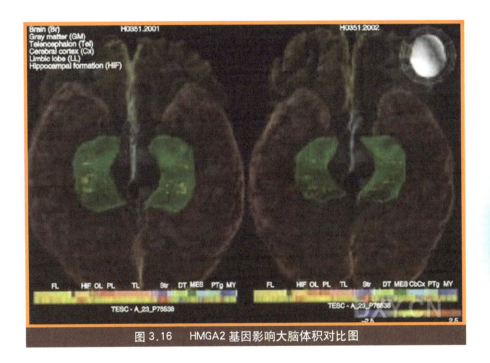

图 3.16　HMGA2 基因影响大脑体积对比图

与智商密切相关的KI-Vs基因

森特教授对 700 多名年龄从 52 岁至 85 岁的成年人进行测试后发现，携带有 KI-Vs 基因变体副本的受试者，在学习、记忆和注意力等认知技能方面，与不携带该基因变体副本的受试者相比，均表现出明显的优势。

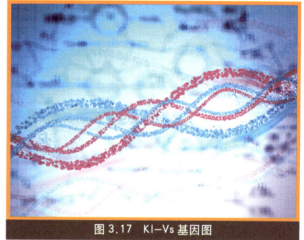

图 3.17　KI-Vs 基因图

影响大脑信号传导的NPTN基因

森特教授发现，一种名为"NPTN"的基因，在人类大脑的左、右半球具有不同活性；而 NPTN 基因所编码的蛋白质会影响到大脑细胞信号的传递。由此初步推断，人类个体的一些智力差异，是由于 NPTN 基因的功能减弱引起的，特别在人类大脑的左半球。

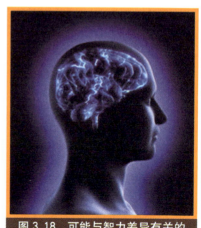

图 3.18　可能与智力差异有关的
NPTN 基因

与语言能力密切相关的Foxp2基因

Foxp2 基因，也称"叉头框 P2 基因"，是控制语言能力发展的基因。在人类基因图谱中，Foxp2 基因位于第 7 对染色体上。Foxp2 所编码的蛋白，是一个表达在脑部以及神经的转录因子，转录因子就如同一个总控制开关，可以控制下游一系列基因的表达。

【知识点睛】

　　转录因子（transcription factor），也称"反式作用因子"，是一种具有特殊结构、行使调控基因表达功能的蛋白质分子。通过转录因子，可以保证目的基因以特定的强度，在特定的时间与空间表达蛋白质分子。

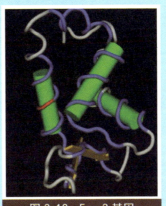

图 3.19　Foxp2 基因

● **第三步**：提取"最强大脑"志愿者的智力基因

为了寻找最佳的人类智力基因样本，森特教授颇费了一番工夫。他通过"最强大脑"选拔赛，从世界各地选拔了 1000 名具有"最强大脑"的志愿者，并对他们进行了脑部核磁共振扫描和 DNA 样本分析。

根据分析结果，森特教授逐一找出了在这些"最强大脑"人群中所特有或者格外发达，而在狒狒和弗弗身上缺失或者不发达的智力基因。然后，利用基因克隆技术，针对狒狒和弗弗"缺失"的智力基因，从这些"最强大脑"志愿者身上提取了相应的 DNA 片段（称为"目的基因"）。

【知识点睛】

　　目前，提取目的基因主要有两条途径，一是直接分离法，又叫"鸟枪法"。是用DNA限制性内切酶从供体细胞的DNA中将目的基因分离出来。优点是操作简便，缺点是工作量大，具有一定的盲目性。二是人工合成法，这一途径又分两种方法：一是反转录法，以目的基因转录成的mRNA为模板，反转录成单链DNA再合成双链DNA；二是逆推法，以已知氨基酸序列，推出mRNA序列，再推出目的基因序列，然后人工合成。

● 第四步：为狒狒和弗弗植入人类智力基因

　　有了"最强大脑"志愿者的样本智力基因，接下来，最关键的是森特教授要通过"外科手术"，把"最强大脑"志愿者的智力基因移植到狒狒和弗弗的大脑中。

　　为了确保智力基因植入"手术"成功，森特教授需要三样"手术"工具。一是切割基因的"剪刀"（实质上是一种限制性内切酶，简称"限制酶"，它能够在特定的切点上切割 DNA 分子）；二是连接基因的"针线"（实质上是一种 DNA 连接酶，它能够将被限制酶切开的两个黏性末端连接起来，重组成一个新的 DNA 分子）；三是运载基因的载体（实质上是一种质粒、噬菌体或动植物病毒，它能将重组形成的 DNA 分子送入受体的细胞）。

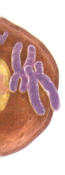

　　完成了"手术"前的所有准备工作，森特教授便开始实施"手术"。只见他稳稳地"拿起"了基因的"剪刀"，第一刀，森特教授准确地切在了运载基因的载体上。载体上立刻出现了一个缺口，露出了黏性末端。第二刀，森特教授转向了事先准备好的"最强大脑"志愿者的智力基因。手起刀落，一段带有相同黏性末端的样本智力基因片段被切了下来。

【知识点睛】

黏性末端：实质上是一个被限制酶切割后露出的能够互补配对的碱基。

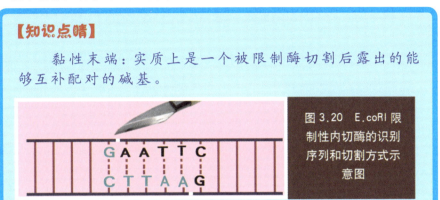

图 3.20　E.coRI 限制性内切酶的识别序列和切割方式示意图

"切割"顺利完成后，森特教授马上开始了"重组缝合"。只见他轻轻地"拿起"刚刚切下来的智力基因片段，小心翼翼地插入运载载体的缺口处。然后，利用基因的"针线"——DNA 连接酶熟练地"缝合"。不一会儿，一个重组的 DNA 分子形成了！

最后，森特教授又将重组的 DNA 分子成功地导入狒狒和弗弗的神经细胞，目的是让"最强大脑"志愿者的智力基因，能够在狒狒和弗弗的神经细胞内进行复制、转录、翻译和表达，最终提升狒狒和弗弗的智力水平。至此，智力基因植入"手术"初步告捷。

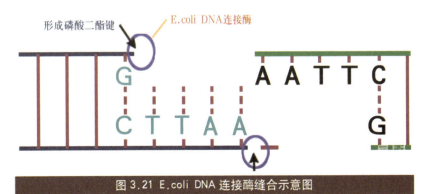

图 3.21 E.coli DNA 连接酶缝合示意图

人类智力基因——助狒狒和弗弗智力大幅提升

　　在森特教授的悉心照料下，狒狒和弗弗慢慢发生了神奇的变化。在接下来的学习和训练中，狒狒和弗弗的智力显著提升了。它们不仅可以像人类一样吃饭、穿衣、睡觉，更可喜的是，它们在学习能力、记忆力、注意力，以及逻辑思维能力等方面的进步十分明显。

　　森特教授明白，这是"最强大脑"志愿者的智力基因，在狒狒和弗弗身上开始表达的结果。也就是说，世界上首例智力基因移植"手术"大功告成。

【知识点睛】

　　基因表达（gene expression）是指细胞把储存在DNA序列中的遗传信息经过转录和翻译，最终转变成具有生物活性的蛋白质分子的过程。

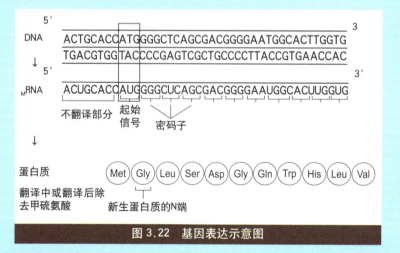

图 3.22　基因表达示意图

　　看着两个活泼可爱、进步迅速、越来越聪明的好朋友，森特教授的脸上洋溢着难以掩饰的欣喜与自豪。多年来，科学研究上的所有心酸、烦恼和辛勤付出，早已被抛到了九霄云外。不过，森特教授并不满足于狒狒和弗弗在生活上的进步，他要将它们培养成自己工作上的好帮手。

　　其实，实验室工作头绪繁多，既有文献资料的检索、收集和整理，又有科学实验的准备、记录和分析。为此，森特教授从最基本的实验技能开始，手把手地教狒狒和弗弗认识实验设备，了解实验样品，操作实验仪器，观察实验结果……

　　狒狒和弗弗没有辜负森特教授的培养和期望，很快就熟练掌握了一些常规的实验方法，像模像样地当起森特教授的科学助手。经过一段时间的实习和考察，森特教授对它们的工作情况极为满意，于是，他决定正式聘任狒狒和弗弗为实验室的"科学小助理"，协助处理一些实验室的日常工作。

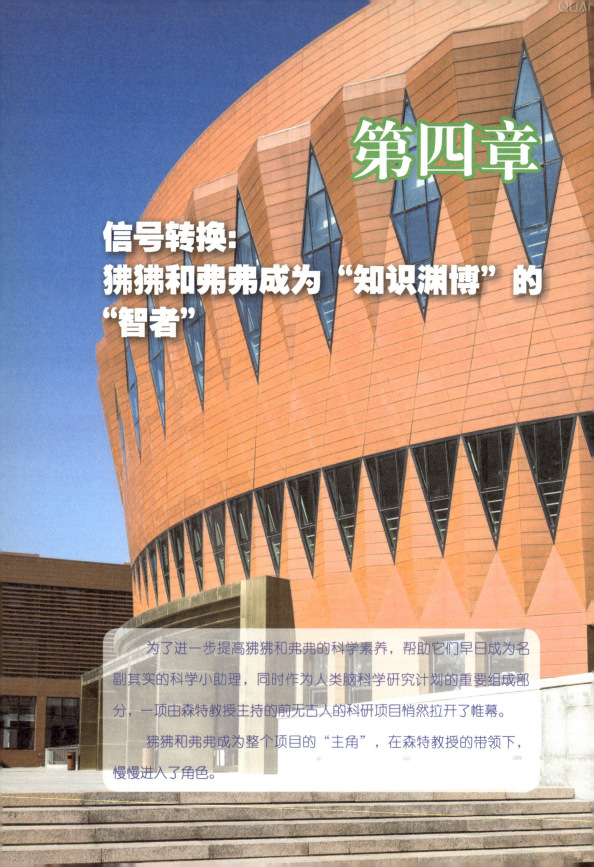

第四章

信号转换：
狒狒和弗弗成为"知识渊博"的"智者"

　　为了进一步提高狒狒和弗弗的科学素养，帮助它们早日成为名副其实的科学小助理，同时作为人类脑科学研究计划的重要组成部分，一项由森特教授主持的前无古人的科研项目悄然拉开了帷幕。

　　狒狒和弗弗成为整个项目的"主角"，在森特教授的带领下，慢慢进入了角色。

简单的大脑模型——神秘的智慧之源

　　为了让狒狒和弗弗初步认识人类的大脑，森特教授给了它们一件简单的教具——人类大脑模型。

　　看到狒狒和弗弗对大脑模型爱不释手，脸上却写满了困惑，森特教授感觉时机已到，于是，像对待两个刚刚入学的小学生一样，开始了人类大脑科普讲座。

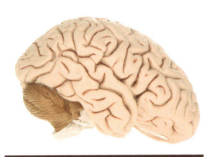

图4.1　大脑

●大脑的神秘所在

　　人类的大脑由左、右两个半球组成，表面纹理多样，皱褶深浅不一，看似简单的结构内涵复杂，这恐怕算是宇宙中最神秘、最智能的结构之一了。

　　人类之所以有别于其他物种，正是因为拥有极其复杂的大脑。

　　人类的大脑是复杂的，当然更是神秘的。关于大脑的神秘程度，美国总统奥巴马曾这样说：作为人类，我们能够确认数百万光年以外的星系，我们能够研究比原子还小的粒子，但时至今日，我们依然无法揭示两耳间三磅重物质（指大脑）的奥秘。

● 大脑的结构与功能

人类的大脑包括左、右两个半球，中间由胼胝体连接。大脑的最外层是大脑皮层（又称"大脑皮质"，简称"皮层"或"皮质"），是由神经元细胞体（又称"灰质"）组成；大脑皮层下的组织是神经纤维（又称"白质"）。

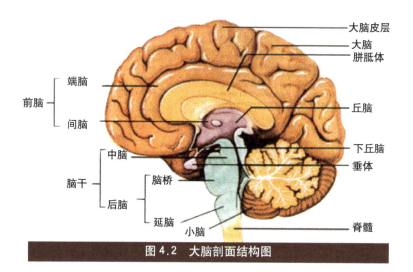

图 4.2　大脑剖面结构图

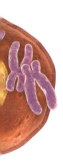

【知识点睛】

　　胼胝体是哺乳类动物特有的结构，属于大脑的髓质。位于大脑半球纵裂的底部，连接左右两侧大脑半球的横行神经纤维束，是大脑半球中最大的连合纤维。

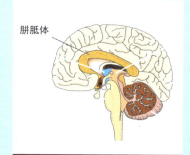

图 4.3　胼胝体

大脑皮层是人类中枢神经系统的最高级中枢，按照功能划分，大致可分为运动区、体觉区、听觉区、视觉区、嗅觉区、语言区、联合区等。

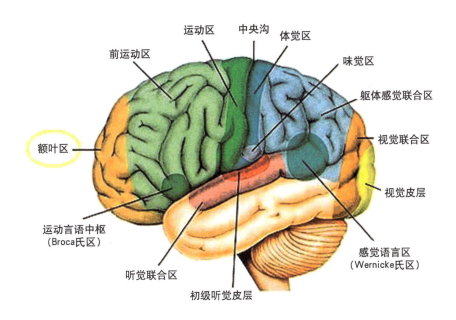

运动区　中央沟　体觉区
前运动区　　　　味觉区
躯体感觉联合区
额叶区　　　　　视觉联合区
视觉皮层
运动言语中枢
（Broca氏区）
听觉联合区　　感觉语言区
（Wernicke氏区）
初级听觉皮层

图 4.4　大脑结构与功能分布图

●大脑是如何工作的

人类的大脑皮层中拥有一百多亿个神经元细胞，形象地说，这些神经元细胞就像是一颗正在成长的小树苗，一边向上长出"树干"，我们称之为"轴突"，一个神经元只有一个轴突；一边往下伸出无数个"根系"，我们称之为"树突"，一个神经元有很多树突。在树干的顶端，又长出许多"小树枝"，我们把这些"树枝末梢"称为"突触"。但与自然界中小树苗不同的是，一个神经元细胞的树突（"根系"）会与另一个神经元细胞的突触

（"树枝末梢"）相互连接，纵横交错，如此便构成了人类大脑中复杂的神经网络，进行信息传导。

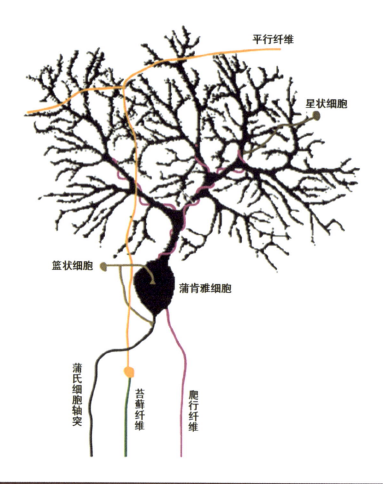

平行纤维

星状细胞

篮状细胞

蒲肯雅细胞

蒲氏细胞轴突

苔藓纤维

爬行纤维

图 4.5　神经元细胞"树"示意图

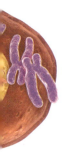

学习是大脑成功处理新信息的过程，也是神经元细胞之间建立新的联系的过程。当人们第一次面对新的信息时，大脑中并不存在以前的处理路径。这时，被"学习"激活的神经元细胞内的蛋白丝附属物就开始生长，从激活的细胞一直延伸到邻近的细胞。当生长到特定的接触点的时候，在蛋白丝附属物的末端处，就会形成特定的接触点（突触）。突触一旦形成，信息就可以从一个细胞传到另一个细胞，于是，我们也就获得了新的信息。

通过森特教授深入浅出的讲解，狒狒和弗弗紧皱的眉头慢慢地舒展开来，它们仿佛一下子弄清楚了人类之所以比自己聪明的根本原因。

"森—特，我—们—能—不—能—变—得—像—人—类———样—聪—明—呢？"狒狒一句结结巴巴的话语，惊醒了还沉浸在成功教育喜悦中的森特教授。

脑科学研究计划——揭示大脑活动的图谱

　　为了提高狒狒和弗弗的智力水平，由森特教授主持的"脑科学研究计划"重大科研项目早已开始启动。森特教授希望借助"脑科学研究计划"的实施，组织包括神经科学、计算科学、仪器技术等领域的科学家和技术专家进行联合攻关，从原理上进一步搞清楚三个方面的问题：第一，在微观层面，搞清楚大脑神经细胞的工作机制，包括神经细胞的连接结构、脑信号的传导机制等；第二，在宏观层面，搞清楚大脑的整体功能，以及每个功能区的具体分布；第三，搞清楚大脑神经细胞活动、大脑整体功能和人类个体行为之间的相关联系，从而绘制出人类大脑的活动全图，真正了解并掌握大脑的整个认知过程。

　　森特教授的整个研究计划，狒狒和弗弗当然不可能真正了解。于是，森特教授决定先从视觉感知入手，在狒狒和弗弗初步了解人类大脑的结构和功能之后，让它们从不同的角度，进一步认识"形形色色"的人类大脑。

●五颜六色的"彩虹脑"

　　首先，森特教授把狒狒和弗弗带到了一个计算机的大屏幕前，"啪、啪、啪"，随着几声清脆的键盘敲击声，大屏幕上立即出现了一个以灰色为主色调的大脑模型。正当狒狒和弗弗看着画面感到莫名其妙的时候，神奇的一幕出现了。屏幕上一条条带状的神经纤维仿佛霓虹灯一样被点亮，很

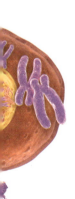

快变成了一条条亮丽的彩色"飘带"；随后，大脑模型上的神经元细胞也被点亮了，只见刚才还灰蒙蒙的大脑模型，仿佛一下子被赋予了生命，慢慢变成了一个五颜六色的"彩虹脑"。

当然，狒狒和弗弗不可能真正了解，"彩虹脑"的出现完全是计算机脑彩虹技术成功应用的结果。

图4.6　脑彩虹

图4.7　不同颜色相混合后在大脑神经元产生的色彩

【知识点睛】

　　脑彩虹实际上是帮助科学家了解大脑神经回路之间的相互协作原理的一种大脑成像技术。首先计算出荧光蛋白的基因编码，然后利用基因工程技术，把荧光蛋白基因植入大脑神经元，点亮大脑内部的神经元细胞，从而使大脑细胞呈现各种色彩，以帮助人们认识并了解大脑的活动过程。

● **完整清晰的三维"透明脑"**

为了激发狒狒和弗弗对科学的兴趣，森特教授决定和两个科学小助理一起，为一只实验老鼠制作一个"透明脑"。具体步骤包括：

第一步：准备一个实验容器，在里面注满水凝胶。

第二步：把一只三个月大的实验老鼠的大脑放进实验容器中，让水凝胶分子慢慢地渗透进入老鼠大脑。只见水凝胶分子慢慢替换掉了老鼠大脑细胞外原来包裹的脂质双分子层。

第三步：森特教授利用电化学的方法，快速地把实验老鼠大脑里被替换掉的脂质双分子层抽出。

第四步：将实验老鼠大脑慢慢加热到人体的正常温度，这时，水凝胶分子开始凝固，慢慢地凝结成一个坚固的网状结构，好像包裹在大脑外面的一个坚硬外壳。

第五步：将凝结的网状结构放置八天，让它凝固。这样一个完整的清晰的实验老鼠"透明脑"就制作完成了。

狒狒和弗弗看着亲手制作的"作品"，脸上满是欣喜和自豪。

【知识点睛】

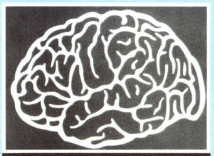

图4.8 透明大脑模型

"透明脑"实际上是利用一种新的大脑成像技术——CLARITY技术，提供的包括神经网络精细回路和分子连接的完整无损的3D大脑图像模型。

●错综复杂的"可视大脑"

3D"透明脑"虽然好玩，但毕竟只是一个模型。不一会儿，狒狒和弗弗便失去了兴趣。于是，森特教授决定让它们认识最先进的大脑扫描成像技术。

在森特教授的指挥下，一位志愿者安静地躺到了核磁共振成像扫描仪上。森特教授让狒狒启动了系统的开关按钮，让弗弗按下计算机键盘。不一会儿，志愿者的大脑图像便清晰地出现在了电脑屏幕上。

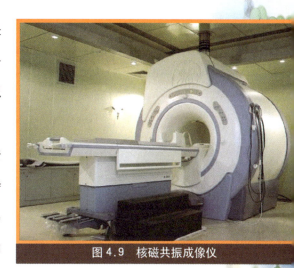

图4.9 核磁共振成像仪

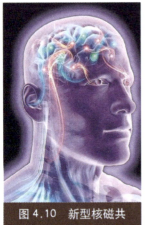

图4.10　新型核磁共振成像扫描仪获取的大脑图像

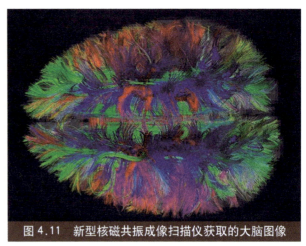

图4.11　新型核磁共振成像扫描仪获取的大脑图像

　　电脑屏幕上一幅幅五彩缤纷的大脑图像，令狒狒和弗弗激动不已，一脸自豪与得意的神情。它们又是拍手，又是尖叫，毫不掩饰对自己"实验成果"的满意之情。在它们眼中，或许更多的是好奇和有趣。但对森特教授来说，则是获得了志愿者大脑1000亿个神经细胞的神经通路结构图。通过追踪这些神经通路，可以进一步了解人类大脑的运转过程，进而绘制出大脑的3D图像，清晰展现大脑错综复杂的构成网络。

【知识点睛】

　　核磁共振成像，简称"磁共振成像"（magnetic resonance imaging, MRI），是利用核磁共振原理，将人体置于特殊的磁场中，用无线电射频脉冲激发人体内的氢原子核，引起氢原子核共振，并吸收能量。当射频脉冲停止后，人体内的氢原子核按照特定频率发出射电信号，并将吸收的能量释放出来，被体外的接受器收录，经计算机处理后，便可获得人体某一层面结构图像的诊断技术。

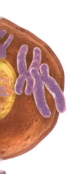

信号转换戒指——架起智慧对接的桥梁

光阴似箭，日月如梭，转眼间狒狒和弗弗已经在森特教授的实验室里度过了五个春秋。在森特教授的耐心教导下，借助先进的科学技术，狒狒和弗弗不但身体越来越强壮，而且学问与见识与日俱增，成了实验室名副其实的科学小助理。两个小家伙在森特教授和他的同事们面前，不时地卖弄和炫耀自己的"渊博知识"，常常逗得大家捧腹大笑。看着这两个昔日森林里的小伙伴、今天实验室里的小助手一天天健康快乐地成长，森特教授深感欣慰。

●妙趣横生的讨论，出人意料的请求

为了进一步开阔狒狒和弗弗的视野，也为了防止它们滋生骄傲自满的情绪，这天，森特教授特意在实验室组织了一场活泼生动的课外大讨论。

知识与海洋

问题1：我们生活在地球上，谁知道地球的面积是多大？
地球的表面积大约是 5.1 亿平方千米。

狒狒率先举手发言，虽然言语不十分清晰，但森特教授完全明白了它的意思。

问题 2：在地球的总面积中，海洋面积又是多大？

海洋面积大约是 3.61 亿平方千米，占全球总面积的 71%。

弗弗也不甘落后，虽然有点结巴，但一听就知道它的确知道答案。

问题 3：在 3.61 亿平方千米的海洋里，到底有多少海水呢？

在 3.61 亿平方千米的海洋里，大约拥有 1.33×10^{18} 立方米的海水，也就是 1330000 万亿立方米。这就是我们的海洋，一个拥有天文数字海水的海洋。

面对森特教授的这个问题，狒狒和弗弗面面相觑，一时谁也给不出准确答案。

森特教授看着面面相觑的狒狒和弗弗，耐心地解释道。

今天，人们习惯使用"知识的海洋"来形容人类知识的浩瀚与广博。但是，无论是海洋面积，还是海水总量，都有一个相对准确的数字。而对于人类创造和拥有的知识来说，谁也无法准确地说出知识的总量到底是多少，因为它每时每刻都在增加。看着狒狒和弗弗满脸惊讶的表情，森特教授一下子把话题从海洋转到了知识上。

"噢，真是难以想象！"狒狒和弗弗几乎不约而同地发出了惊叹。

森特教授继续解释说，根据英国技术预测专家詹姆斯·马丁的测算结果，人类的知识在 19 世纪以前大约是每 50 年翻一番；20 世纪初开始大约是每 10 年翻一番，20 世纪 70 年代开始大约是每 5 年翻一番；而近 10 年，大约每 3 年翻一番。有人进行过大胆粗略预测，人类今天所掌握的知识，到 2050 年左右，将仅为知识总量的 1%。也就是说，随着社

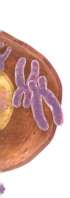

会的发展，人类将创新出 99% 以上的新知识。这就是知识的海洋，一个
每时每刻都在快速膨胀的知识海洋。

图 4.12　浩瀚的知识海洋

信息化时代

问题1：人们常说，21世纪是信息化的时代，那么，信息化时代的
主要标志是什么？

　　信息化时代的主要标志是信息成为第一生产要素。

　　平日里勤奋好学的狒狒，总算又逮住了一个展示自我的机会，于是，
迫不及待地先拔头筹。

问题2：信息作为信息化时代的第一生产要素，信息交互的中心是
什么？

　　信息交互的中心当然是互联网了。

　　弗弗也毫不示弱，不无得意地回答道，唯恐再被狒狒抢了先。

问题3：信息化的物质载体又是什么呢？

计算机。

弗弗和狒狒几乎又是异口同声地回答，看来它们的确是有备而来。

图 4.13   互联网打造地球村

人脑、知识和信息化

问题1：人类的大脑作为记忆和储存的中心，它能够储存的知识总量是多少呢？

不知道。

狒狒和弗弗一边眉头紧锁，一边不停地摇晃着脑袋。

　　看来这个问题真的难倒了两个小家伙。过了一会儿，狒狒和弗弗满脸疑惑地望着森特教授，好奇地期待着森特教授快点给出准确答案。

　　"我也不知道。"森特教授的回答，大大出乎了狒狒和弗弗的意料。

　　看到狒狒和弗弗一脸失望的表情，森特教授补充说：据估计，人类大脑的 100 多亿个神经细胞，凭记忆可以储存 100 万亿条信息，相当于 5 亿本图书的知识量。但是，到目前为止，即便是世界上记忆力最好的人，也没能达到这个记忆能力的 2%。

　　不过，在这方面，人类发明的计算机倒是帮了大忙。因为，从理论上来说，计算机的存储量可以是无限的。为了不让狒狒和弗弗太失望，森特教授随即进行了补充。

　　"森—特—教—授，求—求—你，想—办—法—把—我—的—大—脑—与—计—算—机—和—互—联—网—连—接—起—来。这—样，我—不—就—可—以—拥—有—整—个—知—识—海—洋—了—吗？到—那—时，我———定—比—你—知—识—还—渊—博！"没想到，一直眉头紧锁的狒狒，向森特教授提出了一个令人难以置信的请求。

　　森特教授先是一惊，随即满脸洋溢起了赞许的微笑。他一边轻轻地抚摩着狒狒和弗弗的脑袋，一边连连答应道"好，好，好，一定会的。到那时，我们的狒狒和弗弗肯定要比我聪明得多！"

　　其实，弗弗的要求，也是森特教授一直努力的目标。甚至可以说，为了这个目标能早日实现，森特教授几乎倾注了毕生的精力。

　　然而，森特教授十分清楚，横亘在目标与现实之间的最大障碍是两种不同信号的转换。

● 不同的传导机制，巧妙的信号转换

森特教授告诉狒狒和弗弗，信号在生物体内的传导，是通过神经传导通路进行的。生物体内的信号传导过程，实质上是一个电化学过程，简单来说，就是"电信号—化学信号—电信号"的交替变化过程。当神经信号在神经纤维上传导时，表现为电位变化（生物电）；而在神经细胞之间传递时，则是突触通过释放传导介质（神经递质）来完成。

【知识点睛】

神经传导通路是指神经系统内传导某一特定信息的通路，一般是由数级神经元组成的一个神经链。按照信息传导方向的不同，又可分为上行性传导通路和下行性传导通路两种。其中，上

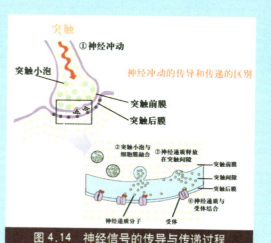

图4.14　神经信号的传导与传递过程

行性传导通路，又称感觉性神经通路，主要是向高位中枢包括大脑皮层输入感觉信息。下行性传导通路，又称运动性神经通路，主要是传递控制肢体及内脏运动的信息。此外，在中枢神经系统内部，还有实现中枢神经各部分之间协调作用的环行传导的神经通路。

神经信号在生物体内不断转化的传导过程，给了森特教授很大的启发，如果借助于科学技术的突破，最终实现神经信号与外界电信号的对

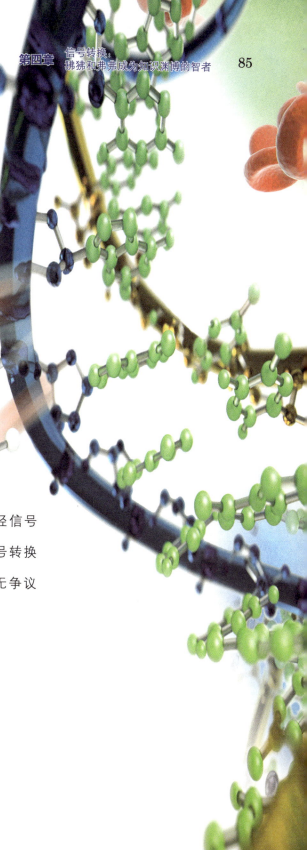

接，那将是一件在科学技术发展史上令人兴奋的创举！

　　于是，森特教授和他的技术团队围绕信号转换这一难题展开了夜以继日的技术攻关。通过无数次"实验，失败，再实验，再失败"的循环反复，最后，他们终于取得了成功，一枚精巧的"信号转换戒指"成功问世。借助"信号转换戒指"，人类可以实现大脑的神经信号与外界电信号的有效对接；凭借"信号转换戒指"，森特教授和他的技术团队毫无争议地获得了当年的"诺贝尔技术奖"。

作为对两个科学小助手出色工作的犒劳与奖赏，狒狒和弗弗分别获得了一枚纯金的"信号转换戒指"。

当然，狒狒和弗弗十分清楚，"信号转换戒指"的价值，远远不能用黄金的纯度和重量来衡量，因为它的最大价值在于蕴藏在戒指中的科学技术，以及浩瀚无际的知识海洋。

在狒狒和弗弗的"信号转换戒指"中，森特教授特意植入了一个微型芯片。大家可千万别小看了这枚芯片，它实质上是一个超大容量的移动硬

盘，里面存储了数学、物理、化学、天文、地理、生物等各个学科人类所创造和积累的知识；同时，也是存储了汉语、英语、俄语、德语、法语、西班牙语等世界上 7000 多种语言的语言库。

一旦打开"信号转换戒指"的开关，就等于为狒狒和弗弗的大脑打通了知识库和语言库的信息闸门。狒狒和弗弗不但可以通晓古今，成为地球上"无所不知"的全能"博士"，而且，它们可以和世界上任何语种的人群直接对话。它们真正成了地球上最聪明的黑猩猩，再也不用为知识学习和语言交流发愁了！

晴朗无云的蓝天下，碧绿幽静的园区里，聪明的狒狒和弗弗，时常会爬上高高的攀爬架，凝望远方……因为，那里有它们的族群和幸福快乐的童年记忆。

后　记

　　一次森林的偶遇，让狒狒和弗弗与森特教授结下了深厚友谊；一场意外的变故，让狒狒和弗弗从原始森林来到了现代都市。

　　作为人类的近亲、地球上现存的与人类血缘最近的高级灵长类动物，狒狒和弗弗在森特教授的悉心调教下，智力得到了进一步开发，它们慢慢地适应了现代都市生活。借助先进的科学技术，狒狒和弗弗从人类身上获得了先天缺失的智力基因，从此变得越来越聪明。后来，借助"信号转换戒指"的"魔力"，狒狒和弗弗获得了比人类更丰富的知识和更强大的语言能力，真正成了地球上最聪明的黑猩猩。

　　科学技术的进步，给狒狒和弗弗带来了全新的生活！同时，也让它们失去了很多很多……

创作说明

● 书中的主角森特教授及黑猩猩狒狒和弗弗均属作者虚构。其中，森特教授取自于英语scientist的音译，是所有科学家的代表和化身。

● 为了便于阅读，作者构思了一个完整的故事，把一个个散乱的知识点串联起来。故事情节纯属虚构，但所有知识点都是科学、准确的，是科学家集体智慧的结晶。

● 书中关于"国立生命科学实验动物研究中心"的构思，作者部分参照了日本京都大学灵长类动物研究中心的架构。

● 书中有关狒狒和弗弗智力基因的移植内容，作者只是从科学技术传播的角度出发，探讨理论上的可行性，不涉及伦理和应用问题。

● 书中关于大脑神经信号和电信号的对接与转换，属于科学幻想。

● 书中图片版权归原作者及原出版单位所有。为增加故事的生动性和科普知识的趣味性，书中仅作引用。

● 作者对本书内容保留最终解释权。

图书在版编目（CIP）数据

越来越聪明的黑猩猩 / 陈长杰主编. -- 杭州 ： 浙江教育出版社，2016.10
（生命科学科普丛书）
ISBN 978-7-5536-4767-8

Ⅰ. ①越… Ⅱ. ①陈… Ⅲ. ①黑猩猩－青少年读物
Ⅳ. ①Q959.848-49

中国版本图书馆CIP数据核字(2016)第192441号

生命科学科普丛书
SHENGMING KEXUE KEPU CONGSHU

越来越聪明的黑猩猩
YUELAIYUE CONGMING DE HEIXINGXING

主　　编　陈长杰

出版发行　浙江教育出版社
　　　　　（杭州市天目山路40号 邮编：310013）
联系电话　0571-85170300-80928
网　　址　www.zjeph.com

责任编辑　张　帆　江　雷
美术编辑　韩　波
责任校对　戴正泉
责任印务　陆　江
装帧设计　米家文化

印　　刷　浙江新华数码印务有限公司
开　　本　720mm×965mm　1/16
成品尺寸　170mm×230mm
印　　张　6.25
插　　页　1
字　　数　125 000
版　　次　2016年10月第1版
印　　次　2016年10月第1次印刷
标准书号　ISBN 978-7-5536-4767-8
定　　价　25.00元